COLEÇÃO BIOMAS DO BRASIL

MATA ATLÂNTICA E MANGUEZAIS

2.ª EDIÇÃO

MATA ATLÂNTICA E MANGUEZAIS

2.ª EDIÇÃO

Armênio Uzunian

Mestre em Histologia pela Escola Paulista de Medicina
Professor de Biologia na cidade de São Paulo
Cursou Ciências Biológicas na Universidade de São Paulo
e Medicina na Escola Paulista de Medicina

Jarcilene S. Almeida-Cortez

Professora Adjunta do Depto. de Botânica da Universidade Federal de Pernambuco
Ph.D. em Ecologia Vegetal pela Université de Sherbrooke, Canadá
Mestre em Botânica pela Universidade Federal do Rio Grande do Sul
Cursou Ciências Biológicas na Universidade Federal de Pernambuco

Pedro Henrique M. Cortez

Ph.D. em Microbiologia pela McGill University de Montreal, Canadá
Mestre em Bioquímica pela Universidade Federal do Rio Grande do Sul
Professor de Biologia do Ensino Médio
Cursou Ciências Biológicas na Universidade Federal de Pernambuco

Paulo Roberto Moraes

Doutor em Geografia pela Universidade de São Paulo
Mestre em Geografia Física pela Universidade de São Paulo
Professor da Pontifícia Universidade Católica (PUC-SP)
Professor de Geografia do Ensino Médio

José Maria V. Franco

Professor de Biologia do Ensino Médio em Goiânia e Fotógrafo da Natureza,
estuda o comportamento de animais e vegetais em seus *habitats*

Direção Geral:	Julio E. Emöd
Supervisão Editorial:	Maria Pia Castiglia
Revisão Técnica:	José Geraldo Felipe da Silva
Coordenação de Produção e Capa:	Grasiele L. Favatto Cortez
Revisão de Texto:	Estevam Vieira Lédo Jr.
Revisão de Provas:	Ana Olívia Ramos Pires Justo
Programação Visual:	Mônica Roberta Suguiyama
Editoração Eletrônica:	AM Produções Gráficas Ltda.
Impressão e Acabamento:	EGB – Editora Gráfica Bernardi Ltda.

Dados Internacionais de Catalogação na Publicação (CIP)
(Câmara Brasileira do Livro, SP, Brasil)

Mata Atlântica e Manguezais / Armênio Uzunian. . .
[et al .] . -- 2. ed. -- São Paulo : HARBRA, 2014. --
(Coleção biomas do Brasil)

Outros autores: Jarcilene S. Almeida-Cortez,
Pedro Henrique M. Cortez, Paulo Roberto Moraes,
José Maria V. Franco
Bibliografia.
ISBN 85-294-0270-7 (obra completa)
ISBN 978-85-294-0423-3

1. Biodiversidade - Brasil 2. Biomas
3. Ecossistemas - Brasil 4. Manguezais 5. Mata
Atlântica I. Uzunian, Armênio. II. Almeida-Cortez,
Jarcilene S. III. Cortez, Pedro Henrique M.
IV. Moraes, Paulo Roberto. V. Franco, José Maria V.
VI. Série.

13-10686   CDD-577.0981

Índices para catálogo sistemático:
1. Manguezais : Bioma brasileiro : Preservação :
    Biologia   577.0981
2. Mata Atlântica : Bioma brasileiro : Preservação :
    Biologia   577.0981

Coleção BIOMAS DO BRASIL – *Mata Atlântica e Manguezais* – 2.ª edição
Copyright © 2014 por editora HARBRA ltda.
Rua Joaquim Távora, 629 – Vila Mariana
04015-001 – São Paulo – SP
Vendas: (0.xx.11) 5549-2244, 5571-0276 e 5084-2403. Fax: (0.xx.11) 5575-6876
Divulgação: (0.xx.11) 5084-2482 (tronco-chave) e 5571-1122.

ISBN da coleção: 85-294-0270-7
ISBN do volume: 978-85-294-0423-3

Impresso no Brasil   *Printed in Brazil*

Conteúdo

Qual a nossa expectativa a respeito do futuro da Mata Atlântica? A mesma que temos – e esperamos estar certos – em relação à Floresta Amazônica. Otimista. Muitas pessoas dizem que é difícil ter certeza da recuperação da Mata Atlântica, em vista das inúmeras ameaças que afetam a sua sobrevivência, até mesmo as oriundas do aquecimento global. Milagres são raríssimos. Como alguém já disse, não é pela expectativa da ocorrência do mais improvável, mas pela expectativa da ocorrência do mais provável é que se devem orientar as decisões humanas. Então, algo deve ser feito, com urgência.

A primeira das atitudes a serem tomadas com respeito à Mata Atlântica é divulgar, com insistência, os benefícios que esse bioma altamente ameaçado de devastação apresenta para o nosso país e para a sobrevivência da biosfera. E foi justamente pensando nisso que cinco autores e a editora HARBRA, preocupados com a questão ambiental, se propuseram a escrever e divulgar este paradidático: uma professora da Universidade Federal de Pernambuco, especialista em Ecologia Vegetal; um professor do Ensino Médio de Pernambuco e especialista em Biologia Molecular; um eminente geógrafo da Pontifícia Universidade Católica de São Paulo; um professor de Biologia do Ensino Médio e emérito fotógrafo, de Goiânia; e, por fim, um professor de Ensino Médio de São Paulo e autor de livros didáticos. Pronto. Com a competente revisão técnica do professor José Geraldo Felipe da Silva, do Ensino Médio de Brasília, aqui está o livro. Esperamos com ele contribuir para que as futuras gerações percebam o que nós, há muito tempo, notamos: muitas espécies da Mata Atlântica são exclusivas e precisam ser preservadas sob risco de, não o fazendo, serem extintas de nosso planeta. O mesmo alerta deve ser feito com relação aos manguezais, formações que representam verdadeiros santuários ecológicos, cuja existência, em muitos locais de nosso território, está ameaçada pela devastação, o que justifica um breve estudo desses ecossistemas de transição ao final deste livro.

Curta a vida, mas ajude-nos a deixar, para as futuras gerações, um ambiente melhor do que aquele que encontramos.

Os autores

MATA ATLÂNTICA

O QUE É MATA ATLÂNTICA?

DELFIM MARTINS/PULSAR IMAGENS

Anote!

As principais características da Mata Atlântica são: temperatura e umidade elevadas; árvores de grande porte; floresta sempre verde (perenifólia); folhas brilhantes, longas, pontiagudas (pontas-goteira); riqueza em epífitas (bromélias, orquídeas, samambaias, musgos, liquens) e lianas; solo humoso (serapilheira); ciclo rápido de decomposição/absorção de nutrientes.

Vista geral da Mata Atlântica, na região do Parque Nacional de Itatiaia, Rio de Janeiro.

Mata Atlântica é a formação ecológica brasileira, de modo geral florestal, vizinha ou próxima da costa oceânica atlântica, com umidade e temperatura elevadas praticamente o ano todo. É também conhecida, entre outros nomes, como **Mata Pluvial Tropical**, **Floresta Atlântica** e **Floresta Tropical Costeira**, as duas últimas denominações relacionadas à sua proximidade com o oceano Atlântico.

Suas plantas são sempre verdes, perenifólias (folhas sempre presentes), de folhas geralmente largas, longas, pontiagudas (pontas-goteiras), características que favorecem o escorrimento da água que se deposita na superfície foliar. A vizinhança com o mar garante a elevada umidade ambiental, graças aos ventos úmidos provenientes do oceano. Outra característica marcante desse bioma é a elevada densidade da vegetação. As árvores são distribuídas em dois ou mais estratos: **o superior**, com árvores que podem atingir mais de 30 m de altura, com troncos de espessura variável, sobre os quais se apoiam muitas trepadeiras (lianas) e epífitas, tais como musgos, samambaias, liquens, bromélias e orquídeas; um segundo estrato apresenta uma grande quantidade de plantas herbáceas e árvores jovens. Como em toda floresta úmida, nota-se a existência de uma camada denominada de **serapilheira**, dotada de muitos restos orgânicos – folhas, galhos, restos de animais, excretas – que sofrem a ação decompositora de microrganismos. A atividade desses seres produz o húmus, matéria orgânica decomposta, rica em nutrientes minerais, que se mistura com as camadas superficiais do solo. Esses nutrientes são prontamente absorvidos pela vegetação, constituindo rápido ciclo decomposição/absorção, típico das florestas tropicais.

De modo geral, admite-se a existência de uma grande semelhança, em termos de características ambientais e da vegetação, entre a Mata Atlântica e a Floresta Amazônica.

Leitura

Lianas e Epífitas

Lianas, também conhecidas como cipós ou trepadeiras, crescem utilizando outras plantas como apoio. As lianas usualmente apresentam caule estreito e maleável, que cresce rapidamente sobre as árvores, obtendo, assim, a luz abundante disponível sobre a copa das florestas. Um bom exemplo são as jiboias e filodendros, usados como plantas ornamentais.

BRUNO ZANINI

Popularmente conhecida como "jiboia", essa planta é muito vistosa e de crescimento rápido. Vive apoiada sobre diversos substratos, mais comumente sobre o caule de outras plantas.

FABIO COLOMBINI

Epífitas são plantas ou protoctistas (por exemplo, os liquens) que se apoiam diretamente sobre o tronco, galhos, ramos ou folhas de árvores sem possuir estruturas de sucção (no caso, *haustórios*, que são prolongamentos, de modo geral, de natureza radicular, "sugadores" da seiva da planta hospedeira, típicos de vegetais parasitas ou hemiparasitas). De modo geral, epífitas são orquídeas, bromélias, samambaias, avencas, musgos, liquens etc. Possuem alto valor ornamental pela sua beleza, formas e cores exóticas, além de indiscutível importância ecológica. Portanto, não se esqueça: plantas epífitas não são parasitas.

Orquídea epífita, crescendo sobre tronco de árvore na Mata Atlântica.

LOCALIZAÇÃO DA MATA ATLÂNTICA

A Mata Atlântica se estende desde o Rio Grande do Norte, na costa Nordeste do Brasil, até o Estado do Rio Grande do Sul. É uma das florestas tropicais mais ameaçadas do mundo, tendo hoje apenas 7,4% dos seus 1.713.535 km² originais de cobertura florestal. Estende-se do oceano Atlântico para o interior, em direção oeste, passando pelas montanhas costeiras do Brasil até a bacia do rio Paraná, no leste do Paraguai e na Província de Misiones, na Argentina. Em termos gerais, a Mata Atlântica pode ser vista como um mosaico diversificado de ecossistemas, apresentando estruturas e composições florísticas diferenciadas, em função da existência de consideráveis diferenças geológicas e de altitude nas serranias costeiras cobertas por ela e das características climáticas existentes na ampla área de ocorrência dessa formação ecológica brasileira.

Anote!

A Mata Atlântica é uma das formações ecológicas brasileiras mais ricas em biodiversidade. Abrange total ou parcialmente 16 estados brasileiros e cerca de 3 mil municípios. Estende-se do litoral do Rio Grande do Sul até o Estado do Rio Grande do Norte.

▶ COMPARE OS MAPAS

Na página seguinte, o primeiro mapa mostra a distribuição clássica dos biomas brasileiros. Note a extensão ocupada pela Mata Atlântica. Perceba, também, a ocorrência da Mata de Araucárias (Mata dos Pinhais). O mapa de baixo foi publicado pelo IBGE (Instituto Brasileiro de Geografia e Estatística) em 2004. Verifique que, nesse caso, a Mata de Araucárias é considerada como constituinte da Mata Atlântica. Do mesmo modo, a Mata de Cocais, que no mapa de cima é bem caracterizada, passa a ser considerada uma área de transição, úmida, entre a Floresta Amazônica e a Caatinga.

❱ Distribuição clássica dos biomas brasileiros

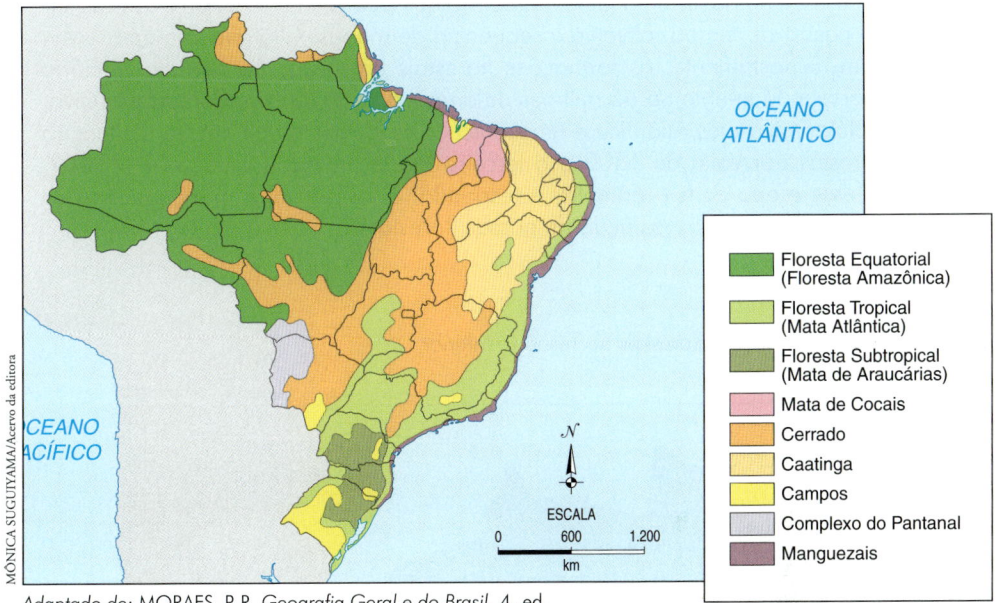

Adaptado de: MORAES, P. R. *Geografia Geral e do Brasil.* 4. ed.
São Paulo: HARBRA, 2011. p. 244.

❱ Biomas brasileiros, segundo IBGE – 2004

Fonte: UZUNIAN, A.; BIRNER, E. *Biologia 3.*
4. ed. São Paulo: HARBRA, 2013. p. 289.

Para Você Pensar...

A ação do homem tem provocado grandes modificações na paisagem natural, nem sempre para melhor. Ao mesmo tempo que estão presentes programas de desenvolvimento sustentável, também temos derrubadas indiscriminadas do patrimônio vegetal.

Para que você possa ter uma ideia melhor do que ocorreu com as florestas brasileiras com o passar do tempo, observe a sequência de mapas. O primeiro mapa revela como eram, supostamente, as formações florestais brasileiras no período Terciário Inferior (aproximadamente há 65 milhões de anos): a partir de uma floresta primitiva, teriam evoluído as Matas Atlântica e Amazônica. O segundo mapa mostra a situação dessas florestas por volta de 1500 e o terceiro mapa mostra a situação em 1989. Compare esse mapa com o primeiro e responda: é justificável a preocupação dos ambientalistas quanto à devastação de nossas florestas?

▶ Supostas formações florestais no Terciário Inferior
(65 milhões de anos)

Fonte: VICTOR, M. *Brasil – o capital natural*. Botucatu: FEPAF, 2007.

▶ Formações
florestais
brasileiras
(cerca de
1500)

Fonte: VICTOR, M. *Brasil – o capital natural.* Botucatu: FEPAF, 2007.

▶ Formações
florestais
brasileiras
(1989)

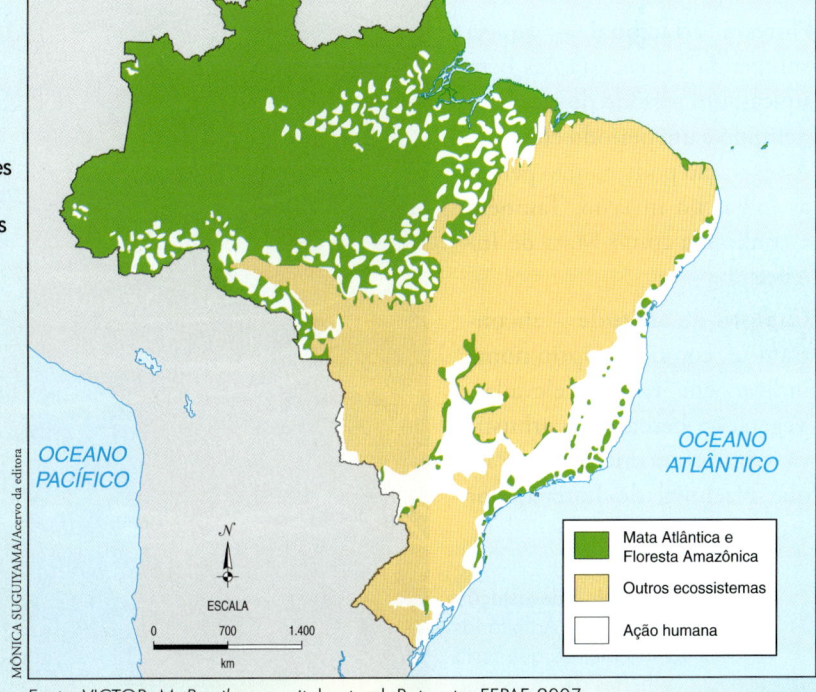

Fonte: VICTOR, M. *Brasil – o capital natural.* Botucatu: FEPAF, 2007.

▶ ENTÃO, COMO FICA?

Atualmente, a Mata Atlântica (ou Floresta Atlântica) é considerada um conjunto de formações florestais e ecossistemas associados. Para os propósitos deste livro, descrevemos a seguir, sucintamente, as categorias mais representativas relacionadas a esse bioma.

▶ **Floresta ombrófila** – dotada de árvores altas. Esse tipo de floresta pode se apresentar *densa*, com copas que se tocam e formam uma cobertura fechada; *menos densa*, também chamada de *mista* (sob essa denominação, também podemos incluir a antiga Mata de Araucárias, formada por pinheiros-do-paraná); ou mesmo *aberta*, quando as copas das árvores não se tocam.

▶ **Floresta estacional** – aquela submetida a duas estações bem típicas: um período de seca bem definido e um período chuvoso. A vegetação pode ou não perder as folhas no inverno. Também é conhecida como Mata de Interior.

▶ **Campos de altitude** – encontram-se, como o próprio nome indica, em regiões elevadas. Vegetação herbácea e arbustiva, como a encontrada no Parque Nacional de Itatiaia, por exemplo.

No Brasil, a devastação da Mata de Araucárias foi tão intensa que resta menos de 2% da sua cobertura original.

FABIO COLOMBINI

▶ **Brejos interioranos** ou **brejos de altitude** – manchas de floresta encontradas no Nordeste, em áreas de elevação e platôs. Sua presença é possível em virtude de grande umidade nessas áreas.

▶ **Manguezais** – vegetação típica dos terrenos da costa banhados por rios e mares. Nesse ambiente de transição terra-água, desenvolve-se uma flora especializada, constituída por um pequeno número de espécies de árvores.

Leitura

Elevada Biodiversidade, uma Característica das Florestas Tropicais

As florestas tropicais, por suas condições de umidade e calor, são os ecossistemas terrestres que dispõem da maior diversidade de seres vivos. Entre elas, a Mata Atlântica (ou Floresta Atlântica), segundo estudos realizados nas últimas décadas, é a que apresenta a maior quantidade de diferentes espécies arbóreas. Essa diversidade, ao mesmo tempo que representa uma excepcional riqueza de patrimônio genético e paisagístico, torna a mata extremamente frágil. A destruição de parcelas ainda que pequenas dessa floresta pode significar a perda irreversível de inúmeras espécies, muitas delas pouco estudadas pela ciência.

O CLIMA PREDOMINANTE NA MATA ATLÂNTICA

A Mata Atlântica com sua megadiversidade é resultado direto, entre vários fatores, de um clima quente e úmido. Ao longo da área de ocorrência dessa floresta higrófita (ou seja, de elevada umidade), encontram-se climas com poucas diferenças, mas que podem ser divididos em três categorias, como veremos a seguir.

◗ **Tropical úmido** – ocorre na região nordestina denominada de Zona da Mata e em parte do litoral do Espírito Santo. Esse clima caracteriza-se pela ocorrência de temperaturas elevadas o ano todo, com médias de 25 °C, e com chuvas concentradas principalmente entre o outono e o inverno. Esse período de chuvas mais intenso é resultado do encontro de duas massas de ar (a Massa Polar Atlântica com a Massa Tropical Atlântica). A pluviosidade anual varia entre 1.250 mm e 2.000 mm.

> **Anote!**
>
> Um dos maiores índices pluviométricos no Brasil foi registrado na Serra do Mar, na região de Itapanhaú, Estado de São Paulo, com aproximadamente 4.000 mm ao ano.

◗ **Tropical de encosta** – ocorre basicamente na Região Sudeste – por exemplo, na Serra do Mar – nos Estados de São Paulo e Rio de Janeiro. Com temperaturas elevadas o ano todo – médias de 22 °C –, as encostas de planalto recebem maior quantidade de chuvas, principalmente entre a primavera e o verão. Porém, é constante a ocorrência de **chuvas orográficas** ao longo de todo o ano, determinando índices pluviométricos que variam de 2.000 mm a 3.000 mm.

> **Anote!**
>
> Chuvas orográficas – comuns na Serra do Mar – são as que ocorrem como resultado do avanço de uma massa de ar quente e úmida (Massa Tropical Atlântica) que se forma no oceano Atlântico. Essa massa – carregada de vapor-d'água – alcança a Serra do Mar, sobe e, ao atingir as áreas mais elevadas e frias, sofre o processo de condensação, responsável pelas chuvas que ocorrem na região serrana.

◗ **Clima tropical** – esse clima, que aparece em várias partes do território brasileiro, ocorre junto à Mata Atlântica nas porções interioranas da Região Sudeste e em parte do Centro-Oeste. As temperaturas são elevadas o ano todo, com médias de 22 °C, e as chuvas concentram-se principalmente no período de primavera e verão, com índices pluviométricos aproximados de 1.500 mm ao ano. Em alguns trechos dessas regiões, devido à altitude do relevo, ele pode ser denominado de **tropical de altitude**. Nessas áreas mais elevadas, as temperaturas caem, ficando as médias térmicas entre 17 °C e 22 °C.

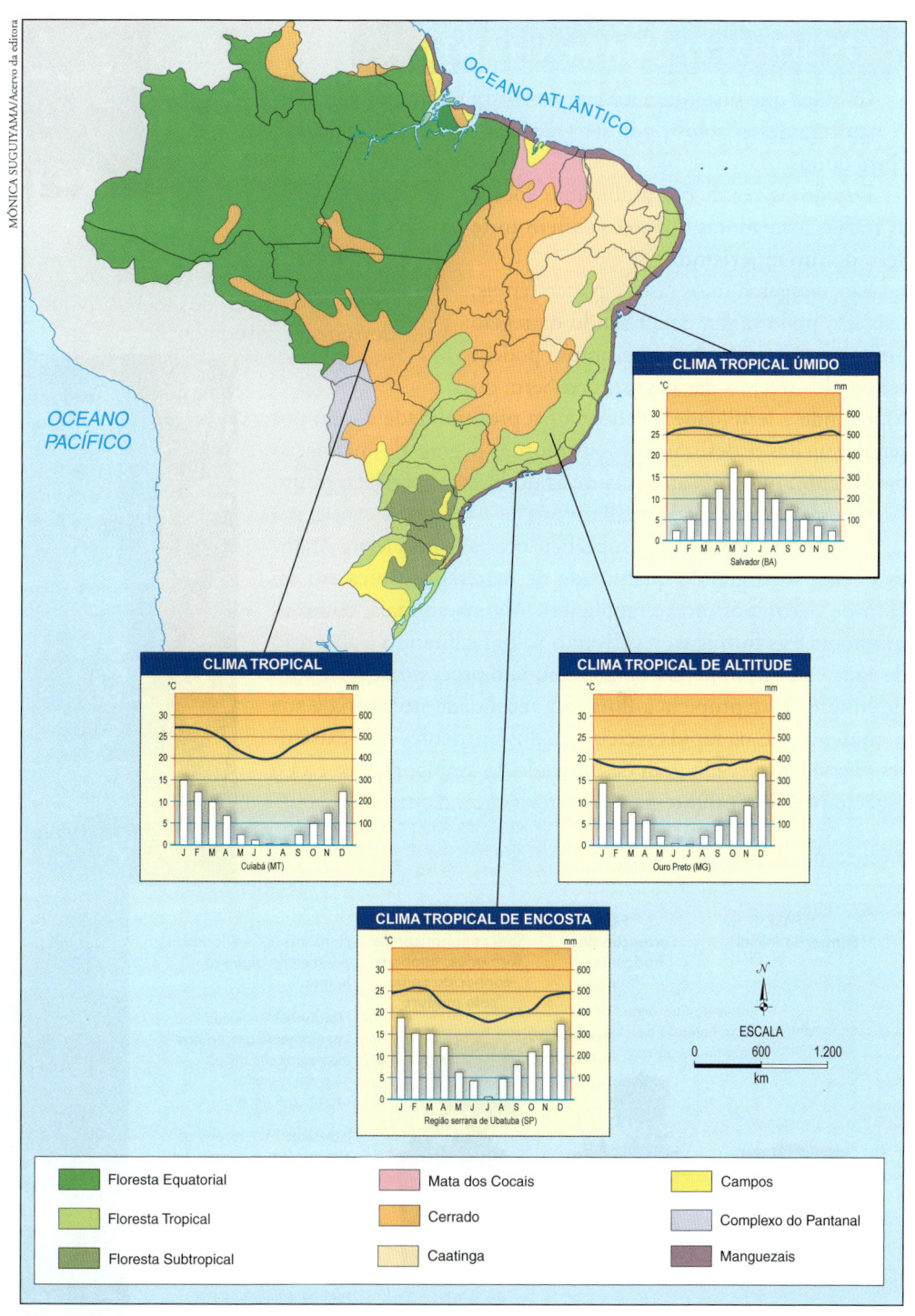

Os gráficos associados ao mapa são chamados de **climogramas** e apresentam a variação de temperatura e de chuvas. Neles, as barras apresentam a média do total de chuvas (em mm) por mês, durante um ano; a linha em azul une os pontos das temperaturas médias registradas nos meses.

OS SOLOS DA MATA ATLÂNTICA

Os solos que sustentam a Mata Atlântica são muito variados. A natureza desses solos pode ser granítica, vulcânica, gnáissica, entre outras.

Devido às condições ambientais locais, as rochas formadoras dos solos sofrem forte ação do **intemperismo**.

São, em geral, solos rasos e pouco férteis, mas isso pode variar, dependendo da região onde se encontram. Como exemplo podem ser citados trechos das encostas da Serra do Mar (onde a fertilidade é pequena e a profundidade é rasa, por serem sujeitas a deslizamentos conforme o grau de inclinação da vertente) ou ainda as terras roxas do interior paulista, muito férteis e de profundidade média.

Como vimos, por toda a superfície ocupada pela Mata Atlântica existe uma grande quantidade de matéria orgânica em estado de decomposição (serapilheira). Alguns animais, como as minhocas e as formigas, revolvem o solo, facilitando a absorção de água e de sais minerais, colaborando no processo de formação do húmus. Este propicia à floresta a fertilidade necessária à sua manutenção. É na rápida reciclagem dos nutrientes nela existentes, devido ao elevado grau de umidade do ambiente, que está o aspecto mais importante para a sobrevivência da mata.

> **Anote!**
>
> Intemperismo é a ação física e química da natureza sobre as superfícies expostas das rochas, o que leva à sua desagregação.

▶ Formação do solo

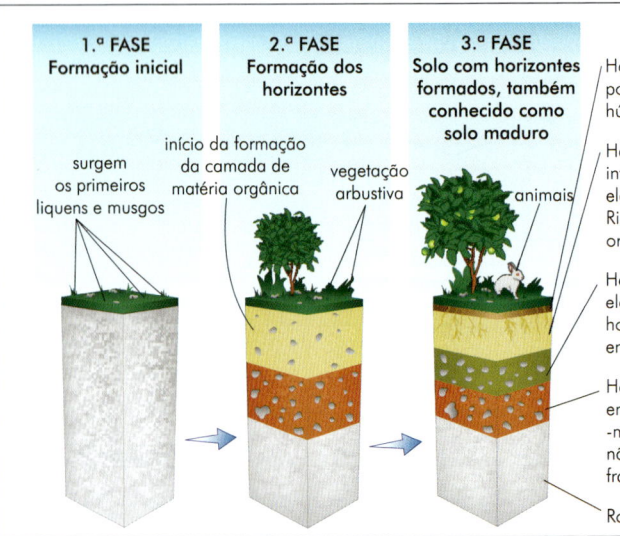

1.ª FASE
Formação inicial

surgem os primeiros liquens e musgos

2.ª FASE
Formação dos horizontes

início da formação da camada de matéria orgânica

vegetação arbustiva

3.ª FASE
Solo com horizontes formados, também conhecido como solo maduro

animais

Horizonte "O" – é formado por matéria orgânica – húmus.

Horizonte "A" – recebe intensamente a ação dos elementos climáticos. Rico em material orgânico e mineral.

Horizonte "B" – recebe os elementos que migram do horizonte "A" mineralmente enriquecido.

Horizonte "C" – transição entre o solo e a rocha-matriz. Formado por material não consolidado e por fragmentos de rocha.

Rocha-matriz.

MONICA SUGUIYAMA/Acervo da editora

Fonte: MORAES, P. R. *Geografia Geral e do Brasil*. 4. ed. São Paulo: HARBRA, 2011. p. 127.

Superfície do solo da Mata Atlântica, em que podem ser vistos pedaços de troncos e folhas caídas, além de vegetação do estrato inferior.

◗ DESLIZAMENTO DE ENCOSTAS

As encostas dos planaltos no Sudeste brasileiro, cobertas por Mata Atlântica, são consideradas naturalmente áreas de risco. Isso ocorre devido à elevada pluviosidade, o que torna essas áreas sujeitas a deslizamentos de terra.

A água precipitada é em parte absorvida pelo solo e em parte escoada superficialmente. A parte infiltrada encontra rochas impermeáveis e se concentra no local até que seu acúmulo provoque o rompimento do equilíbrio de retenção do solo. Nessa condição, grandes quantidades de terras deslizam até o sopé dos morros. A ocupação humana associada à devastação vegetal local acelera tal processo, tornando essas áreas de alto risco.

Anote!

Diferenças entre a Mata Atlântica e a Floresta Amazônica

	MATA ATLÂNTICA	FLORESTA AMAZÔNICA
localização	esparsa, caracterizada pelo eixo longitudinal norte-nordeste e sul-sudoeste	bem delimitada, baixas latitudes equatoriais
relevo	montanhoso	de planície
temperatura	amena (máxima de 35 °C, mínima de 1 °C e média de 14-21 °C)	elevada todo o ano (máxima de 39 °C, mínima de 22 °C e média de 26-27 °C)
solos	derivados de rochas cristalinas, granito e gnaisse	quase sempre sedimentos férteis, embora se empobreçam com a lixiviação
vegetação	canela, angico, pau-brasil, jacarandá, ipê, manacá-da-serra, jabuticabeira, palmiteiro e begônia	árvores de grande porte como a castanha-do-pará, sapucaia, maçaranduba, cedro, mogno, andiroba, sumaúma, diversas figueiras e, dentre as palmeiras, destacam-se o buriti e o açaizeiro

Leitura

Água-Doce, Peixes e Teia Alimentar na Mata Atlântica

Na Mata Atlântica da região do vale do rio Ribeira de Iguape, Estado de São Paulo, existem vários ambientes de água doce que incluem nascentes, riachos de montanhas, riachos de cavernas, cachoeiras, poços, rios e riachos em planícies, lagoas marginais e poças. Os riachos de montanha, por exemplo, caracterizam-se por terem leitos constituídos de rochas e pedras, alta declividade, águas límpidas, forte correnteza, temperaturas relativamente baixas e alta concentração de oxigênio dissolvido. No entanto, em riachos de planície esses fatores podem sofrer algumas variações, como, por exemplo, terrenos com pequena declividade, escoamento mais lento da água – que é mais turva, ácida e de coloração mais escura devido à presença de matéria orgânica dissolvida –, temperaturas mais elevadas e menor teor de oxigênio dissolvido. ◗

De modo geral e dependendo do tipo de ambiente aquático doce, nesses ecossistemas os produtores são representados por dois grupos de seres vivos: (a) *vegetais* que vivem nas margens ou mergulhados na água e (b) diversas espécies de *algas* microscópicas (*microalgas*) que, do mesmo modo que os vegetais, realizam fotossíntese e enriquecem a água com oxigênio.

Aguapé na Mata Atlântica (MG).

Dos peixes *herbívoros*, destacam-se os *cascudos*, que raspam a superfície das rochas e se alimentam de microalgas, e certas espécies de *lambaris*, que, com pequenos dentes serrilhados, roem a vegetação existente nas margens. Os peixes *carnívoros* alimentam-se de outros peixes ou então de insetos. Entre os que se alimentam de peixes estão a *traíra*, que surpreende sua vítima com um bote repentino, e a *saicanga*, que persegue o peixe que lhe servirá de alimento. Outra categoria é a dos peixes *detritívoros*, como o *saguiru*, que se alimenta de material animal ou vegetal em decomposição. Por fim, os peixes *onívoros*, que se alimentam de animais ou vegetais, como é o caso de algumas espécies de *lambaris* e de *charutinhos*. Nas margens, aves como o martim-pescador e a garça ficam à espreita para a melhor oportunidade de "pescar" o seu alimento.

Fonte: OYAKAWA, O. T. *et al. Peixes de Riachos da Mata Atlântica*. São Paulo: Neotropica, 2006.

VEGETAÇÃO DA MATA ATLÂNTICA

A deslumbrante Mata Atlântica (ou Floresta Atlântica), com árvores que atingem mais de 30 m de altura, como o jequitibá-rosa, de 40 m de altura e 4 m de diâmetro, apresenta densa vegetação arbustiva no estrato (camada) inferior.

É uma floresta de grande diversidade vegetal, com muitas samambaias, inclusive arborescentes, além de orquídeas terrestres e palmeiras, entre as quais se encontra a *Euterpes edulis*, com cerca de 10 m de altura, da qual, do ápice do tronco, se extrai o palmito.

A flora da Mata Atlântica é muito diversificada, contando com cerca de 20 mil espécies de plantas, das quais 8 mil são **endêmicas**: 52% das espécies de árvores que lá habitam só são encontradas nela, sendo que esse percentual sobe para 74% no caso de espécies de bromélias. Cerca de 2.300 espécies de orquídeas já foram registradas no Brasil, das quais 80% são encontradas na Mata Atlântica.

Leitura

O que É Espécie Endêmica?

Trata-se de espécie nativa de uma única área geográfica. *É a espécie encontrada apenas em determinado ambiente.* Quando uma espécie endêmica é extinta, ela desaparece em definitivo do planeta, deixando a Terra mais pobre em sua riqueza natural.

Mais de 6.000 espécies de plantas e 500 espécies de vertebrados (excluindo-se os peixes) são endêmicos da Mata Atlântica.

A FLORA

Entre as plantas desse bioma, podemos destacar o pau-brasil, o palmiteiro juçara, a piaçaveira, o jequitibá-rosa, o jacarandá-da-bahia, a caneleira, o ipê-roxo, a quaresmeira, o manacá-da-serra, a araucária, o xaxim e numerosas bromélias, como a da foto abaixo. A seguir, a descrição dessas plantas.

▶ PAU-BRASIL (*CAESALPINIA ECHINATA*)

O pau-brasil é uma árvore leguminosa, nativa da Mata Atlântica brasileira. Pode atingir cerca de 30 m de altura e seu tronco é revestido por uma casca acinzentada recoberta por espinhos na fase jovem. O cerne é vermelho, cor de brasa (daí a denominação *pau-brasil*). Originalmente, a área de abrangência dessa árvore estendia-se por quase 3 mil quilômetros da costa brasileira, tipicamente em floresta virgem, de Ilha Bela (SP) até Natal (RN).

Anote!

Outros nomes do pau-brasil: brasileto, muirapitanga, pau-de-pernambuco e pau-rosado.

Leitura

O que Significa Extinção?

O termo *extinção* tem muitas nuances e seu significado pode variar dependendo do contexto. Uma espécie é considerada extinta quando nenhum indivíduo daquela espécie permanece vivo em todo o mundo ou, então, se os indivíduos de uma espécie permanecem vivos apenas em cativeiro ou em quaisquer outras situações controladas pelo homem, como ocorre, por exemplo, com a ararinha-azul (*Cyanopsitta spixii*) e o pau-brasil.

De todas as espécies reconhecidamente ameaçadas de extinção no Brasil, cerca de três quartos vivem na Mata Atlântica. Nela concentram-se 185 das 265 espécies de animais ameaçados de extinção, ou seja, cerca de 70% do total deles. Das 17 espécies de primatas da Floresta Atlântica, 9 são endêmicas e 10 estão seriamente ameaçadas de extinção.

Árvore de pau-brasil. Quando jovem, o tronco é dotado de grossos espinhos.

FABIO COLOMBINI

▶ Palmeira-juçara (*Euterpe edulis*)

Menos famosas que o pau-brasil, as palmeiras da Mata Atlântica sempre foram cobiçadas pelos colonizadores. A partir do século 19, passaram a ser intensamente derrubadas para delas ser retirado o palmito, uma pequena parte (5%) da árvore, usado como alimento.

A mais conhecida é a palmeira-juçara (*Euterpe edulis*), que ainda é intensamente explorada de forma ilegal e predatória no que restou da Mata Atlântica do Rio Grande do Sul ao Espírito Santo.

FABIO COLOMBINI

Anote!

Além de ser fonte de palmito, palmeiras-juçara fornecem frutos, açúcar, óleo, cera, fibras, material para construções rústicas, matéria-prima para a produção de celulose, entre tantas outras aplicações.

Palmeiras-juçaras no Parque Nacional de Itatiaia (RJ). Do topo do tronco se extrai o palmito.

▶ PIAÇAVEIRA (*ATTALEA FUNIFERA*)

A palmeira *Attalea funifera*, conhecida por piaçava, piaçaba ou piaçabeira, é espécie nativa e endêmica do sul do Estado da Bahia, com a qual se fazem utensílios caseiros.

O nome vulgar piaçava é de origem tupi, traduzido como "planta fibrosa". Essa palmeira foi citada na carta de Pero Vaz de Caminha, quando do descobrimento do Brasil, sem que tenha sido, entretanto, tratado do seu uso.

Anote!

Durante o período colonial, navegadores de várias nacionalidades usavam as fibras da piaçaveira para fabricar cordas, que eram usadas como amarra de navios, por oferecerem mais segurança às embarcações.

MANOEL NOVAES/PULSAR IMAGENS

Piaçaveiras. De suas fibras fabricam-se vários utensílios, entre eles vassouras e escovões.

▸ JEQUITIBÁ-ROSA (*CARINIANA LEGALIS*)

É considerada a maior árvore nativa do Brasil. Pode atingir até 40 m de altura e ter tronco com diâmetro de até 4 m. É a árvore símbolo do Estado de São Paulo.

A casca do tronco do jequitibá supostamente possui ação medicinal. A madeira é moderadamente pesada, macia, durável, de superfície irregularmente lustrosa e um pouco áspera.

RICARDO AZOURY/PULSAR IMAGENS

Anote!

Outros nomes do jequitibá-rosa: jequitibá-branco, jequitibá-cedro, jequitibá-grande, jequitibá-vermelho.

Jequitibá. De grande porte, é a árvore símbolo do Estado de São Paulo.

❯ JACARANDÁ-DA-BAHIA (*DALBERGIA NIGRA*)

Árvore de porte médio (15 a 25 m de altura) e tronco com 40 a 80 cm de diâmetro. Ocorre desde o Estado da Bahia até o litoral paulista.

Anote!

Outros nomes do jacarandá-da-bahia: caviúna, jacarandaúna e pau-preto.

ARMÊNIO UZUNIAN

Jacarandás-da-bahia em alameda na Universidade Estadual de Campinas (UNICAMP), SP.

❯ IPÊ-ROXO (*TABEBUIA HEPTAPHYLLA*)

O gênero *Tabebuia* abrange ipês de diferentes cores (amarelo, rosa e roxo). O ipê-roxo é uma das espécies atualmente mais estudadas, em virtude de seu alto valor econômico, considerando-se as utilizações de sua madeira e extratos foliares, mas é extremamente preocupante a diminuição do número de indivíduos. Ainda podem ser encontrados em áreas de ocorrência natural (sul e oeste da Bahia, Espírito Santo, Minas Gerais, Mato Grosso do Sul, Rio de Janeiro, São Paulo, Santa Catarina e Rio Grande do Sul).

Devido ao seu porte, faz parte do estrato superior da floresta, possuindo alta longevidade. Árvore de até 30 m de altura, seu tronco pode atingir 90 cm de diâmetro. A espécie é bastante ornamental pela coloração intensa (rosa e lilás) de suas flores, sendo muito utilizada na arborização de praças, jardins públicos, ruas, avenidas, estradas e alamedas. Em reflorestamentos, é utilizada na recomposição de matas ciliares em locais sem inundações.

> **Anote!**
>
> O ipê-roxo também é conhecido como cabroé, pau-d'arco, peúva ou ipê-uva.

De florada abundante, as árvores de ipê-roxo são das mais bonitas da Mata Atlântica.

PANTHERMEDIA/KEYDISC

▶ QUARESMEIRA (*TIBOUCHINA GRANULOSA*)

Árvore de pequeno porte – 8 a 12 m de altura, com tronco de 30 a 40 cm de diâmetro – , a quaresmeira é muito utilizada em ornamentação de ruas e praças de várias cidades brasileiras. Ocorre naturalmente nos Estados da Bahia, do Rio de Janeiro, de São Paulo e Minas Gerais. A beleza de suas flores – de coloração roxa e rósea – que surgem, de modo geral, a partir do mês de dezembro até o mês de março e, com frequência, também de junho a agosto, justifica a importância paisagística dessa espécie.

DELFIM MARTINS/PULSAR IMAGENS

Quaresmeira em flor. Árvore de grande valor ornamental em praças e ruas das grandes cidades.

❯ MANACÁ-DA-SERRA (*TIBOUCHINA MUTABILIS*)

O manacá-da-serra – árvore de pequeno porte, com altura de 7 a 12 m e tronco com diâmetro de 20 a 30 cm – é notável pela beleza de suas flores que, surgindo ao longo dos meses de novembro a fevereiro, mudam de cor à medida que ficam velhas. Assim como a quaresmeira, é árvore muito utilizada em paisagismo urbano, em praças e ruas de cidades brasileiras. Ocorre em regiões serranas, desde o Estado do Rio de Janeiro até Santa Catarina.

Uma viagem ao longo das rodovias que margeiam a Serra do Mar nesses estados, nos meses de floração dessa espécie, é realmente um espetáculo inesquecível, graças ao contraste que se observa entre a coloração das flores do manacá-da-serra e o esverdeado da vegetação serrana.

Manacá-da-serra. Observe a diferença de cor de suas flores.

❯ ARAUCÁRIA – PINHEIRO-DO-PARANÁ (*ARAUCARIA ANGUSTIFOLIA*)

É o único pinheiro nativo da Mata Atlântica. De porte elevado, atinge até 50 m de altura e alguns exemplares podem ter até 300 anos de idade. Sua distribuição abrange os estados da Região Sul do Brasil, mas também ocorre em manchas esparsas ao sul de São Paulo, Minas Gerais e nas áreas de altitude elevada do Rio de Janeiro. Atualmente, restam apenas 2% da cobertura inicial da floresta de araucária.

Com sua copa em formato de taça, bem característica, a araucária dá às paisagens sulinas uma beleza toda especial. Apesar de presentes na Região Sul, os pinheirais de araucária não são homogêneos como os das florestas europeias: aqui, a araucária aparece misturada a muitas espécies de angiospermas arbóreas, como, por exemplo, a imbuia, a erva-mate, canelas, bambus, além de diversas herbáceas.

GRASIELE L. FAVATTO CORTEZ

XICO PUTINI/PANTHERMEDIA/KEYDISC

Anote!

O pinheiro-do-paraná produz os pinhões (sementes) comestíveis, importante fonte de renda para os produtores rurais. Essas sementes são ricas em amido, proteínas e gorduras. São avidamente consumidas por pássaros (principalmente periquitos e papagaios), esquilos e pelo próprio homem.

Os pinhões estão muito relacionados à ave gralha-azul que, ao escondê-los no solo para posterior consumo, acaba involuntariamente contribuindo para a disseminação desse pinheiro.

GUSTAVO TOLEDO/PANTHERMEDIA/KEYDISC

❯ XAXIM (DICKSONIA SELLOWIANA)

O xaxim é o nome vulgar de uma espécie de samambaia cuja altura pode atingir 10 m. Após ser retirado da mata, é serrado, modelado e utilizado para a confecção de vasos, placas e hastes destinadas ao cultivo de vegetais. O pó que sobra também pode ser aproveitado para o cultivo de orquídeas e samambaias, por exemplo, pois possui grande capacidade de retenção de água, além de facilitar a drenagem.

OLGA KHOROSHUNOVA/PANTHERMEDIA/KEYDISC

Em risco de extinção, durante muito tempo os troncos dessas samambaias foram abusivamente utilizados para a confecção de vasos e placas de suporte para plantas ornamentais.

Anote!

Essa samambaia, também conhecida como samambaia-açu, era abundante na Serra do Mar, do Rio de Janeiro ao Rio Grande do Sul, habitando locais bem úmidos. Atualmente, é considerada um verdadeiro fóssil vivo e encontra-se ameaçada de extinção. Seu corte e exploração estão proibidos por Resolução do Conselho Nacional do Meio Ambiente (CONAMA).

▶ BROMÉLIAS

São mais de 3.000 espécies, além de milhares de híbridos. Antes de Colombo fazer sua segunda viagem para o Novo Mundo, em 1493, as bromélias eram desconhecidas para os europeus, isso porque elas são exclusivas do continente americano, exceto uma espécie que habita a costa ocidental da África. Naquela viagem, a única bromeliácea que despertou a atenção de Colombo foi o abacaxi, descrito como "maior do que um melão, com sabor muito adocicado e cheiroso".

Na natureza, crescem sobre rochas ou como epífitas, possuem uma impressionante resistência para sobreviver, apresentam curiosas variedades de formas e combinações de cores, sendo muito adequadas ao paisagismo.

FABIO COLOMBINI

Anote!

O néctar das flores das bromélias é avidamente consumido por beija-flores, seus principais polinizadores.

As flores das bromélias são vistosas e atraem inúmeros polinizadores. Suas folhas formam verdadeiras "jarras", que servem de abrigo para pequenos anfíbios, insetos (e suas larvas) e vários outros animais, devido ao acúmulo de água das chuvas em seu interior.

LARS HAMPLEI/PANTHERMEDIA/KEYDISC

WU KAILIANG/PANTHERMEDIA/KEYDISC

ADAPTAÇÕES VEGETATIVAS E REPRODUTIVAS DAS PLANTAS DA MATA ATLÂNTICA

As árvores do interior da Mata Atlântica são adaptadas à sombra e possuem grande área foliar, que capta o máximo de luminosidade possível nessas condições.

Além de algumas adaptações morfológicas já citadas – como as folhas longas, largas e pontiagudas –, podemos citar também os caules e as folhas pendentes, que se curvam ao peso da água, fazendo com que a ponta do limbo se incline para baixo.

Algumas espécies de árvores apresentam raízes que aumentam a base de sustentação ("tabulares" e "de escoras"), auxiliando na fixação da planta em solos úmidos. Devido à elevada densidade da vegetação, os ramos nas copas das árvores se entrelaçam, se tocam, e as plantas, assim, se apoiam umas nas outras.

São vários os mecanismos encontrados na Mata Atlântica para a disseminação das sementes vegetais. Algumas espécies, como os manacás-da-serra e as quaresmeiras, produzem milhares de minúsculas sementes que são disseminadas pelo vento. Outras, com seus odores, atraem animais polinizadores, como abelhas, vespas, moscas, besouros, borboletas, mariposas, aves ou até morcegos. Há também aquelas que, durante o inverno, perdem suas folhas, como é o caso dos ipês, o que torna suas flores no alto das árvores mais visíveis aos polinizadores.

FABIO COLOMBINI

As enormes raízes tabulares dessa figueira-branca da Mata Atlântica contribuem para a fixação do vegetal ao solo.

VIDA ANIMAL NA MATA ATLÂNTICA

Como já falamos, a Floresta Atlântica possui uma fauna exuberante, uma das mais ricas em biodiversidade do nosso planeta, com várias espécies endêmicas. A fauna contribui para a manutenção da floresta, pois animais como esquilos, morcegos, macacos, beija-flores, borboletas, entre muitos outros, polinizam as flores, contribuindo, assim, para a perpetuação de muitas espécies.

OS INVERTEBRADOS

A exuberância da vegetação da Mata Atlântica oferece uma infinidade de oportunidades de vida aos invertebrados, uma vez que a oferta de alimentos é extraordinária. Nela, encontramos parasitas (como várias espécies de pulgões, que sugam a seiva elaborada de plantas), polinizadores (várias espécies de borboletas, abelhas, besouros etc.), predadores (louva-a-deus, joaninhas, aranhas, entre outros) e até mesmo os que se alimentam de restos orgânicos em decomposição, como é o caso dos opiliões. Além disso, muitos deles, notadamente as espécies herbívoras, servem de alimento a outras espécies animais, o que aumenta a extensão da maravilhosa teia alimentar desse bioma.

❱ JOANINHAS

As joaninhas são insetos e pertencem à ordem coleóptera (o mesmo grupo dos besouros). São muito importantes para o homem, pois se alimentam de pulgões e cochonilhas, insetos parasitas, sugadores de seiva elaborada das plantas, o que prejudica o desenvolvimento do vegetal. Isso ocorre, com frequência, em culturas de frutas e verduras.

HERBERT REIMANN/PANTHERMEDIA/KEYDISC

Anote!

Você sabia que a coloração forte das joaninhas afasta seus predadores? Essa característica é chamada de coloração de advertência.

As joaninhas – habitantes comuns da Mata Atlântica – são insetos de cabeça pequena e dorso colorido.

As Joaninhas e a Virgem Maria

Conta-se que, na Idade Média, os camponeses oraram à Virgem Maria para que suas plantações ficassem livres de um intenso ataque de pragas. Apareceram, então, as joaninhas, que "fizeram o serviço", e a produção foi salva. Desde essa época, esses insetos ficaram conhecidos como os "besouros de Nossa Senhora".

Na verdade, as joaninhas, ao se alimentarem de parasitas que debilitam as plantas, auxiliam no combate às pragas. É comum a sua utilização no controle biológico de pulgões que parasitam laranjeiras.

▶ Opiliões

Muitas pessoas confundem os opiliões com as aranhas, porém existem diferenças entre esses dois grupos, como, por exemplo, a divisão do corpo, apesar de os dois serem aracnídeos. Enquanto nas aranhas o corpo é dividido em cefalotórax e abdômen, nos opiliões essa divisão não existe, sendo o corpo constituído por uma peça única. Outra diferença é a capacidade de os opiliões produzirem substâncias químicas de forte odor, que os protege de inimigos naturais como sapos, lagartos e formigas.

Na Floresta Atlântica, os opiliões são muito frequentes, já que esses aracnídeos são bem-adaptados a ambientes úmidos e temperaturas amenas. A maioria das espécies alimenta-se de cadáveres, até de sua própria espécie, além de insetos e frutos. Os machos possuem aparelho genital que transfere os espermatozoides diretamente para as fêmeas. Estas depositam seus ovos em folhas.

Opiliões não são animais venenosos. Sua defesa principal consiste nos hábitos noturnos.

Anote!

O segundo par de patas dos opiliões é maior que os demais e apresenta função semelhante à das antenas dos insetos: eles tocam com essas patas o ambiente e, pelo tato, identificam o meio.

RON ROWAN/PANTHERMEDIA/KEYDISC

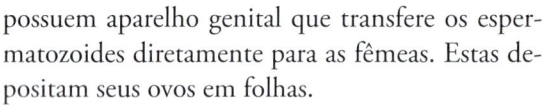

Opilião, aracnídeo comum na Mata Atlântica.

OS VERTEBRADOS

❯ MAMÍFEROS

A Floresta Atlântica possui cerca de duzentas e cinquenta espécies de mamíferos, sendo pelo menos cinquenta delas endêmicas. É notável a riqueza em roedores e morcegos. A seguir, descreveremos cinco espécies de mamíferos que consideramos as mais significativas desse bioma.

❯❯ SUÇUARANA OU ONÇA-PARDA (*PUMA CONCOLOR*)

É um dos carnívoros mais ativos da Floresta Atlântica. Animal solitário e territorialista, é dotado de uma musculatura forte, que lhe permite realizar grandes saltos. Isso facilita a captura de suas presas. Sua alimentação é variada, incluindo desde algumas espécies de invertebrados a vertebrados, como pequenos caxinguelês, roedores, marsupiais e veados. Também pode se alimentar de peixes e algumas aves.

A gestação dura cerca de noventa dias, nascendo de dois a quatro filhotes, que são protegidos pela mãe. A destruição de seu *habitat* e a caça ilegal são fatores que têm levado esses animais ao risco de extinção.

FABIO COLOMBINI

Suçuarana, também chamada de onça-parda ou puma, é um dos maiores predadores da Mata Atlântica.

▶▶ MONO-CARVOEIRO (*BRACHYTELES HYPOXANTHUS*)

Também chamado de muriqui, o mono-carvoeiro é o maior primata das Américas, podendo sua massa corporal atingir quinze quilos. A alimentação dos muriquis é basicamente vegetariana, constituída de flores, frutos e sementes, mas também se alimentam de pequenos animais, como insetos. Vivem em grupos numerosos, de até 35 indivíduos. A relação entre eles é bastante amigável e raramente se comportam com agressividade. Um fato interessante é o costume de abraçar uns aos outros com frequência, o que parece ser necessário para afirmar as relações de parentesco e de respeito entre os membros do grupo. Quanto à reprodução, a fêmea copula com vários machos durante o cio. Estes agem com naturalidade, sem que ocorra competição.

A destruição de seu *habitat*, a caça, o baixo potencial reprodutivo e o fato de ser uma espécie endêmica a tornam uma das mais ameaçadas de extinção do planeta.

FABIO COLOMBINI

Anote!

O nome muriqui, em tupi, significa indivíduo tranquilo.

Mono-carvoeiro ou muriqui, um dos maiores primatas das Américas.
Um macho, quando adulto, chega a pesar 15 kg.

▶▶ Mico-leão-dourado (*Leontopithecus rosalia*)

Primata encontrado somente no Brasil, o mico-leão-dourado é o símbolo da luta pela conservação ambiental em nosso país.

Os adultos, de pelagem dourada, medem cerca de 60 cm e pesam entre 350 e 700 g. Alimentam-se de raízes, insetos, pequenas aves, lagartos, ovos e, principalmente, uma grande variedade de frutas.

Esses mamíferos atuam como importantes dispersores de sementes, atividade extraordinária na regeneração da floresta degradada.

São animais que andam em grupos de 4 a 6 indivíduos, que escolhem uma parte da floresta para viver e, ao cair da tarde, quando chega a hora de dormir, preferem se refugiar em ocos de árvores ou em emaranhados de cipós e bromélias.

ANDY HUNGER/PANTHERMEDIA/KEYDISC

O mico-leão-dourado é uma das muitas espécies de primatas ameaçadas de extinção em nosso país.

▶▶ SERELEPE OU CAXINGUELÊ (*SCIURUS AESTUANS*)

Os esquilos brasileiros, ao contrário de seus parentes da América do Norte, não hibernam. De hábito diurno, são ágeis e solitários, mas, às vezes, podem ser vistos aos pares. Alimentam-se preferencialmente de sementes, coquinhos e frutos, porém podem ser observados alimentando-se de animais, como borboletas. Na maior parte do tempo, movimentam-se entre os ramos das árvores; no entanto, caminham saltitando no solo. Abrigam-se em tocas nos troncos de árvores, onde a fêmea terá seus filhotes.

Anote!

O nome caxinguelê tem origem africana e significa "bicho pequeno". Muitas das sementes que o esquilo enterra germinam, dando origem a novas plantas.

JENS ICKLER/PANTHERMEDIA/KEYDISC

Caxinguelê é um roedor de hábitos diurnos, que se alimenta principalmente de frutos e vive em troncos ocos de árvores.

▶▶ PACA (*AGOUTI PACA*)

A paca possui pelagem avermelhada com manchas brancas. Apresenta quatro dedos nas patas dianteiras e cinco nas traseiras. Costuma habitar tocas em barrancos de rios e riachos. Suas tocas, camufladas com folhas, possuem várias saídas, que confundem os predadores. As pacas são hábeis nadadoras; por essa razão, saltam na água quando em perigo. Normalmente apresentam uma gestação por ano, que dura cerca de cento e quinze dias, com a produção de um filhote. São animais de hábitos noturnos, que se escondem em suas tocas durante o dia. Costumam se alimentar de folhas, frutos e sementes. A caça e a destruição das florestas que se encontram às margens dos rios diminuem as populações dessa espécie.

Paca, um mamífero roedor que mede de 30 a 60 cm e pesa até 10 kg.

Leitura

Morcegos: mais Importantes do que se Imagina

A ordem a que pertencem os morcegos – *Chiroptera* – é a segunda maior da classe dos mamíferos, perdendo apenas, em número, para a ordem dos roedores. No Brasil, há 164 espécies de morcegos, o que representa um terço da fauna de mamíferos. Embora as pessoas os temam, por considerarem que são sugadores de sangue, os morcegos atuam como importantes predadores (muitos comem insetos e até pequenos vertebrados), polinizadores e dispersores de sementes. Os morcegos *hematófagos* (que se alimentam de sangue), aqueles que as pessoas chamam de "vampiros", são raros: há apenas três espécies, restritas às Américas (0,2% do total mundial). Importantes mesmo são os chamados *frugívoros*, que atuam como dispersores de sementes ao se alimentarem de frutos, notadamente nas regiões tropicais úmidas, como a Mata Atlântica.

Os frutos preferidos pelos morcegos são produzidos por numerosas espécies vegetais, entre elas angelim, chapéu-de-praia, figueira, guanandi, jaborandi, joá, jurubeba, manga, palmeira-jerivá e pimenta-do-reino. Os morcegos frugívoros são importantes semeadores de florestas! Ao coletar frutos em determinada planta, muitas vezes não os comem ali, mas voam grandes distâncias e descarregam as sementes, com as fezes, em locais distantes dos de coleta. Com isso, também auxiliam na regeneração de florestas desmatadas por causas humanas ou naturais. As plantas de que se alimentam são, em sua maioria, denominadas de pioneiras e, desse modo, ao depositarem as sementes em locais degradados, os morcegos auxiliam a recolonizar e a formar uma nova área florestal.

Como você vê, eles podem ser mais úteis do que se pensa!

Adaptado de: MELLO, M. A. R. Morcegos e frutos, interação que gera florestas. *Revista Ciência Hoje*, Rio de Janeiro, v. 41, p. 30-35, set. 2007.

❯ AVES

A Mata Atlântica apresenta uma das maiores diversidades de aves do mundo. O número de espécies ultrapassa mil e, dessas, cerca de duzentas são endêmicas. A destruição da floresta, a caça e o comércio ilegal têm levado muitas dessas espécies à lista das ameaçadas de extinção. As espécies endêmicas são as que sofrem maior risco de extinção.

A seguir, descreveremos as que foram resultantes de nossas observações nesse bioma.

❯❯ ARAÇARI-BANANA (*BAILLONIUS BAILLONI*)

Alimenta-se de frutos, como os do palmiteiro, das embaúbas, das figueiras etc. É encontrado em pares ou grupos de seis a sete aves e o macho costuma ser maior que a fêmea. Utilizam-se dos ninhos abandonados por outras aves, como os dos pica-paus. A postura é de dois a três ovos e o macho ajuda a fêmea a chocá-los e a cuidar dos filhotes.

Araçari-banana, uma das muitas espécies de aves da Mata Atlântica cuja população tem sido muito reduzida, em virtude da devastação da própria floresta. De pouco mais de 30 cm de tamanho, quando adulto, seu bico é muito característico: cor amarela na ponta e vermelha em sua base.

❯❯ SAÍRA-DE-SETE-CORES (*TANGARA SELEDON*)

É uma das aves mais coloridas e atraentes da Floresta Atlântica. Alimenta-se de nutrientes tanto de natureza animal quanto vegetal, porém predomina a alimentação de origem vegetal, como banana, mamão, frutos de palmeiras e de embaúbas. Seu ninho tem aspecto de uma pequena tigela (de 8 a 9 cm), onde a fêmea deposita, geralmente, três ovos, que apresentam manchas pardo-amareladas. A incubação dura cerca de dezessete dias, sendo que somente a fêmea cuida dos filhotes.

De multicolorido característico, a saíra é uma das típicas aves da Mata Atlântica.

FABIO COLOMBINI

▶▶ TANGARÁ-DANÇARINO (*CHIROXIPHIA CAUDATA*)

É uma ave belíssima. Os machos apresentam plumagem azul-celeste, penas da cauda de cor preta, sendo mais longas as duas centrais. No alto da cabeça, apresentam penas de coloração vermelha. As fêmeas apresentam coloração verde-escura e possuem canto harmonioso. Um comportamento bastante interessante é a dança pré-nupcial, realiza-da, normalmente, por até seis machos, sendo que um é dominante. Eles enfileiram-se em um galho e exibem-se para a fêmea, um de cada vez. É a fêmea que escolhe o seu parceiro sexual.

O ninho é construído em for-quilhas de árvores sobre cursos d'água, como córregos. A incu-bação é feita pela fêmea durante dezoito dias. Os filhotes, geral-mente em número de dois, apresen-tam cor verde--escura como a das fêmeas. Com aproximadamente vinte dias de vida, abando-nam o ninho. Costumam ali-mentar-se de frutos.

FABIO COLOMBINI

Tangará-dançarino. O macho e a fêmea dessa espécie têm plumagem de cores diferentes: os machos (como o da foto) são multicoloridos, enquanto as fêmeas são esverdeadas.

▶▶ SURUCUÁ (*TROGON* SP.)

Aves de cores atraentes que habitam o sudeste e o sul do Brasil. Ocorrem, principalmente, na Mata Atlântica, matas de araucárias e cerradões. Sua dieta consiste em pequenos animais, como, por exemplo, lagartas, moscas, aranhas, e frutos.

Durante o cortejo, o macho oferece alimento para a fêmea. Constroem seus ninhos em cupinzeiros arborícolas ou fazem buracos em troncos de árvores apodrecidas. A postura, geralmente, é de dois a quatro ovos e o casal os incuba (choca) e cuida dos filhotes.

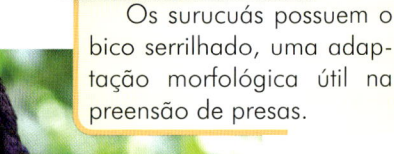

Anote!

Os surucuás possuem o bico serrilhado, uma adaptação morfológica útil na preensão de presas.

Surucuá-de-barriga-amarela (*Trogon viridis*).

RODOLPHE DELLSPERGER/PANTHERMEDIA/KEYDISC

▶▶ BICO-DE-AGULHA OU ARIRAMBA (*GALBULA RUFICAUDA*)

Frequentemente confundido com beija-flores, é uma espécie comum no Brasil, habitando, além da Mata Atlântica, áreas de campo, cerrados, caatinga, pantanal, entre outras.

Possui bico longo, que funciona como uma pinça bem-adaptada à captura de insetos de asas grandes, como as borboletas. A ariramba abandona o galho onde está pousada, captura a presa em pleno voo e retorna ao ponto de origem. Captura também insetos venenosos, como as vespas. Ao pousar, bate a presa contra o galho, eliminando seus ferrões e asas, o que facilita sua ingestão e digestão. Faz ninho em buracos escavados em cupinzeiros no alto das árvores, chocando entre dois e quatro ovos branco-amarelados.

EDSON GRANDISOLI/PULSAR IMAGENS

Bico-de-agulha ou ariramba também é conhecido como beija-flor-da-mata.

❱ Répteis

Com relação aos répteis, são conhecidas cerca de 150 espécies (mas muitas novas têm sido descobertas e catalogadas), sendo que a maioria não é endêmica. Entre as espécies endêmicas por nós observadas, podemos citar o jacaré-do-papo-amarelo (*Caiman latirostris*) e a jararaca (*Bothrops jararaca*), que descreveremos a seguir.

❱❱ Jacaré-do-papo-amarelo (*Caiman latirostris*)

O tamanho médio desses animais é de 1,5 m a 2,5 m, porém já foram capturados exemplares com mais de 3 m. Podem viver cerca de cinquenta anos e habitam rios e lagos da Mata Atlântica. Alimentam-se, de preferência, de pequenos invertebrados, como insetos, caramujos, crustáceos, e de pequenos vertebrados, como peixes e aves. Entre os caramujos presentes em sua alimentação está o *Biomphalaria* sp., transmissor da esquistossomose. Em alguns ambientes onde o jacaré-do-papo-amarelo foi extinto, a incidência da esquistossomose aumentou.

Durante o período de reprodução, esses jacarés costumam ficar com a região do papo amarelada, daí seu nome vulgar. O acasalamento ocorre em terra firme ou em charcos. Os machos são territorialistas e cada um pode acasalar com várias fêmeas. A postura, geralmente de vinte e cinco a sessenta ovos, ocorre em um ninho construído próximo da água, e os ovos são cobertos com folhas secas e areia. Os filhotes nascem após uma incubação que dura em torno de setenta e cinco dias. A fêmea fica muito agressiva nesse período, protegendo ovos e filhotes da ação de predadores naturais como quatis, macacos e teiús. A determinação do sexo nesses animais ocorre de acordo com as variações térmicas, e não apenas geneticamente, como na espécie humana. Como em todas as espécies de répteis, os indivíduos ficam mais fortes quando mais velhos.

FABIO COLOMBINI

Jacaré-do-papo-amarelo, animal carnívoro, habita lagos, lagoas, riachos e manguezais.

▶▶ JARARACA (*BOTHROPS JARARACA*)

Anote!

As serpentes são muito importantes para o homem no controle de roedores.

FABIO COLOMBINI

Jararaca é uma serpente venenosa muito comum no Brasil.

São serpentes que se alimentam, principalmente, de pequenos mamíferos (como ratos), filhotes de aves, outros répteis (como lagartos) e anfíbios.

Quanto à reprodução, são ovovivíparos, ou seja, a fecundação é interna e o desenvolvimento dos filhotes também é interno. Eles não recebem alimento da mãe durante o seu desenvolvimento, pois a nutrição provém do vitelo (alimento armazenado nos ovos). Geralmente, nascem aproximadamente vinte filhotes. O tamanho médio dessas serpentes é em torno de 1,2 m.

▶ ANFÍBIOS

A ocorrência de anfíbios na Floresta Atlântica é maior do que a de répteis, podendo ser encontradas mais de quatrocentas espécies. Dessas, aproximadamente noventa são endêmicas, entre elas o sapo-flamenguinho (*Melanophryniscus moreirae*) e o pingo-de-ouro (*Brachycephalus ephippium*), que descreveremos a seguir. A alta umidade da floresta, bem como suas condições térmicas, favorece o desenvolvimento dos anfíbios.

Anote!

Há espécies de anfíbios que habitam e se reproduzem na água existente nas "jarras" formadas por folhas de bromélias.

▶▶ FLAMENGUINHO (*MELANOPHRYNISCUS MOREIRAE*)

FABIO COLOMBINI

É um sapo muito pequeno, que atinge cerca de 2,5 cm de comprimento. É endêmico na região do Parque Nacional de Itatiaia, no Rio de Janeiro. Habita a Floresta Atlântica de altitude. Durante a estação chuvosa, é fácil observá-lo em poças d'água. Alimenta-se principalmente de insetos e se protege de seus predadores por meio da camuflagem. O nome "flamenguinho" provém de suas cores: preta no dorso e avermelhada na barriga.

O nome "flamengo" deve-se às cores vermelha e preta predominantes no animal.

▶▶ PINGO-DE-OURO (*BRACHYCEPHALUS EPHIPPIUM*)

A coloração do pingo-de-ouro, também chamado de sapinho dourado, pode variar do alaranjado ao amarelo. Trata-se de um animal bem pequeno, atingindo cerca de 2 cm de comprimento. Possui somente dois dedos funcionais na mão e três no pé. Normalmente não salta, mas caminha. É animal carnívoro, que se alimenta de pequenos animais, como os insetos. Porém, seu hábito alimentar é ainda muito pouco conhecido.

O macho coaxa para atrair as fêmeas no período de reprodução. A fêmea desova em terra firme, sendo os ovos depositados em cavidades no solo ou sob as folhas no chão. É uma espécie muito sensível ao desmatamento, pois depende da mata úmida e das folhas sobre o solo para a sua sobrevivência.

FABIO COLOMBINI

Pingo-de-ouro, um pequeno anfíbio que mede cerca de 2 cm.

Leitura

A Fragmentação de *Habitat* e o Declínio da População de Anfíbios

A Mata Atlântica possui mais de 480 espécies de anfíbios, das quais cerca de 80% possuem larvas aquáticas. Pesquisadores brasileiros que estudam esse bioma relatam a diminuição de populações de anfíbios cuja reprodução depende da água. Isso é uma consequência da ruptura de continuidade dos *habitats*, normalmente utilizados por esses animais em suas migrações reprodutivas. Com a *fragmentação dos habitats*, formam-se numerosos espaços abertos e secos que dificultam o deslocamento dos animais, além de os tornarem mais vulneráveis a predadores, desidratação, agroquímicos e várias substâncias poluentes.

A vegetação da Floresta Atlântica sempre foi caracterizada por sua extraordinária importância econômica, notadamente a relacionada ao extrativismo que, efetuado de maneira irracional, conduziu muitas espécies quase à extinção. É preciso ressaltar, também, a importância alimentar para a fauna local e para o homem, além dos inúmeros derivados de uso medicinal.

▸ O primeiro destaque é para o pau-brasil, espécie intensamente explorada pelos europeus (portugueses e franceses) à época do descobrimento. A madeira era aproveitada nas indústrias civil e naval. Os corantes dela derivados eram usados para a confecção de tintas de escrever e para tingir tecidos. Atualmente, seu uso restringe-se à arborização urbana, como planta ornamental. Utilizada pelos índios para a confecção de arcos e flechas, até hoje sua madeira é empregada para a produção de arcos de violinos.

▸ Do palmiteiro juçara extrai-se o palmito (retirado do topo do caule). Os frutos e as sementes servem de alimento a tucanos, sabiás, macucos, periquitos, esquilos, tatus e capivaras. Dele podem ser obtidos óleos, ceras e fibras, usadas principalmente em construções rústicas.

▸ A piaçaveira é fonte de fibras utilizadas na fabricação de vassouras, escovões e enchimento de assentos de automóveis, além de servirem para a cobertura de casas ou quiosques.

▸ A madeira do jequitibá-rosa é empregada em construção civil (assoalhos) e na fabricação de brinquedos, lápis, saltos de calçados e cabos de vassouras. A casca da árvore tem grande poder desinfetante, e o tanino dela extraído é utilizado no curtimento de couros.

▸ Quanto à madeira do jacarandá-da-bahia, ela é a mais valiosa das que existem no Brasil. De coloração marrom-escura, possui grande durabilidade e é muito empregada na fabricação de móveis de luxo. O mesmo ocorre com a madeira da caneleira, que, pela facilidade de ser entalhada e longa durabilidade, é também empregada na fabricação desses móveis.

▸ A madeira do ipê-roxo é utilizada na fabricação de móveis, instrumentos musicais, bolas de boliche, tacos e na construção civil, como vigas. Da casca do ipê-roxo são extraídos ácidos, sais e corantes utilizados no tingimento de tecidos. Em medicina popular, acredita-se na ação de substâncias derivadas da casca do ipê-roxo no tratamento de gripes e que a espécie também tem propriedades supostamente anticancerígenas, antirreumáticas e antianêmicas.

▸ Quanto à madeira do pinheiro-do-paraná (araucária), macia, leve e pouco durável, destaca-se o seu uso na confecção de molduras, palitos de fósforo, pás de sorvete, palitos de dente, entre outros.

Leitura

A erva-mate (*Ilex paraguaiensis*), árvore símbolo do Rio Grande do Sul, é uma planta da qual a infusão de fragmentos de folhas e talos desidratados e moídos gera o conhecido *chimarrão* (quando feito com água quente), o *tererê* (infusão feita com água fria) e chás (em que os fragmentos de folhas, além de serem desidratados, são levemente torrados). Acredita-se que a erva-mate auxilia a minimizar o desconforto de algumas moléstias da bexiga urinária (por favorecer a micção), além de facilitar os processos digestivos e a evacuação.

As folhas secas da planta de erva-mate são utilizadas para preparar o chimarrão, que se bebe quente, e o tererê, que se bebe frio.

JOÃO PRUDENTE/PULSAR IMAGENS

PARQUES E RESERVA BIOLÓGICA

▶ PARQUE NACIONAL DE ITATIAIA

É o primeiro Parque Nacional criado no Brasil. Foi fundado em 14 de junho de 1937, com área de 12.000 ha, e está localizado na Serra da Mantiqueira, no Estado do Rio de Janeiro. Em 1982, sua área foi ampliada para 30.000 ha. A palavra Itatiaia, em tupi, quer dizer "pedra cheia de pontas", e retrata bem o seu aspecto rochoso, com destaque para o Pico das Agulhas Negras.

▶ Localização dos principais parques e reserva da Mata Atlântica

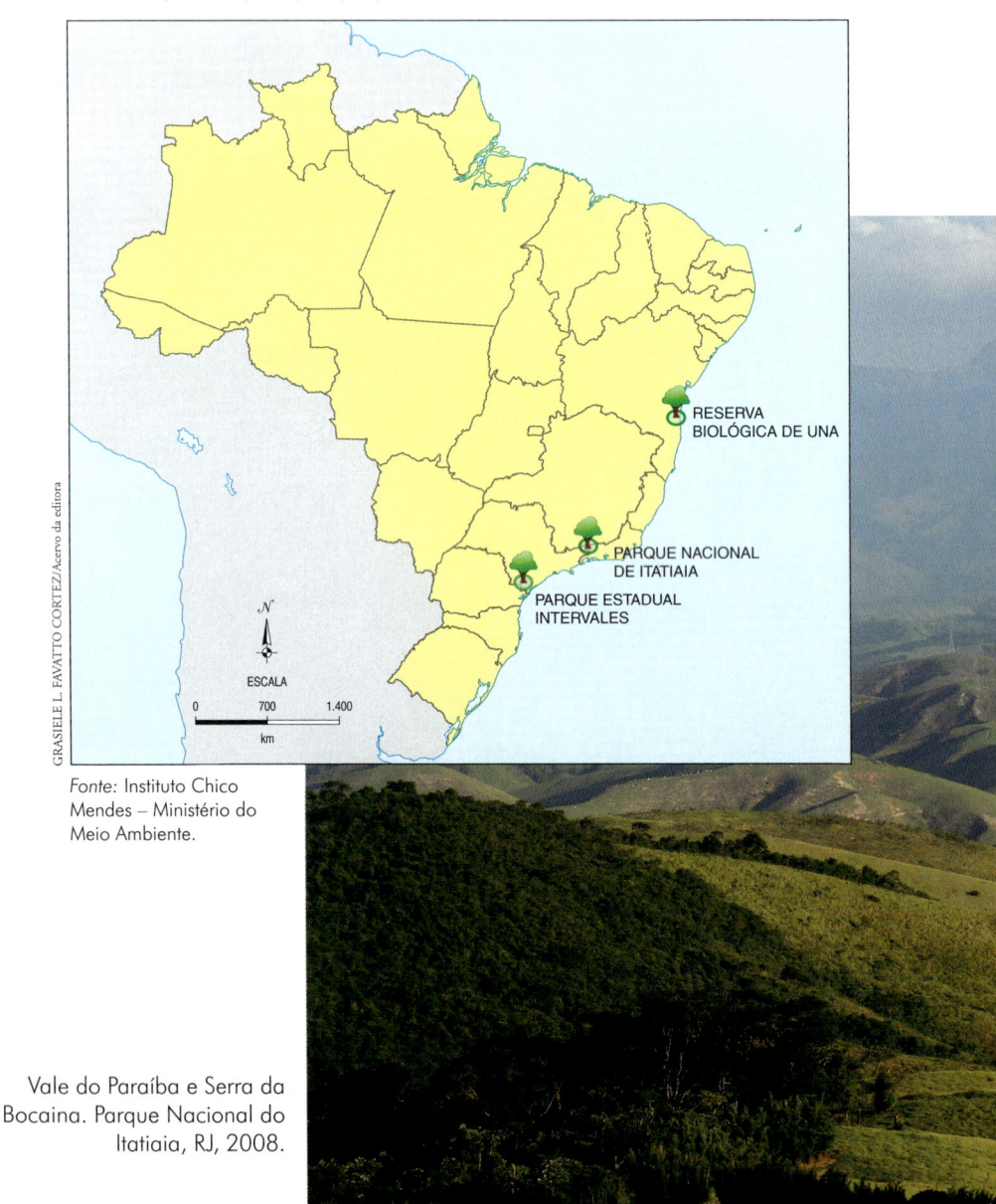

GRASIELE L. FAVATTO CORTEZ/Acervo da editora

RESERVA BIOLÓGICA DE UNA

PARQUE NACIONAL DE ITATIAIA

PARQUE ESTADUAL INTERVALES

ESCALA

0   700   1.400

km

Fonte: Instituto Chico Mendes – Ministério do Meio Ambiente.

Vale do Paraíba e Serra da Bocaina. Parque Nacional do Itatiaia, RJ, 2008.

Inclui uma parte baixa, constituída de ótimas trilhas e belas cachoeiras, e uma parte alta, recomendada para *trekkers* e pessoas que praticam o montanhismo. A parte baixa do parque é a mais visitada e apresenta uma vegetação secundária, pois no período cafeeiro do Vale do Paraíba ocorreu um intenso desmatamento da região. Já nas altitudes de 1.100 m, ocorre uma floresta primária, ou seja, de mata virgem.

Na região do planalto do Itatiaia, encontramos a nascente de vários rios que integram as bacias do rio Paraíba do Sul e do rio Grande. Apesar do aspecto de campo da vegetação dessa região, alguns cientistas pretendem denominá-la de Floresta Atlântica de Altitude.

Na região do Vale do Paraíba é notável a riqueza da fauna e da flora. Podemos destacar árvores exuberantes, como jequitibás e cedros, além de samambaiaçu, ameaçada de extinção. Nas altitudes elevadas, região de planalto, a vegetação é formada principalmente por gramíneas, bromélias, musgos e orquídeas.

Quanto à fauna, é rica em biodiversidade, uma vez que a floresta oferece ótimas condições de sobrevivência, abrigo e alimento. Entre os mamíferos, podemos destacar macacos, como o macaco-prego, além de caxinguelês, cutias, pacas, quatis, onças e antas. Dentre as aves, destacam-se jacus, beija-flores, corujas, inhambus, saíras e tangarás.

FABIO COLOMBINI

❱ PARQUE ESTADUAL INTERVALES

Situado na Serra de Paranapiacaba, o Parque Estadual Intervales é uma das áreas florestais mais importantes do Estado de São Paulo por abrigar inúmeras espécies vegetais e uma fauna exuberante. A altitude do Parque varia de 60 a 1.095 m, com uma área total de 42.000 ha, abrangendo os municípios de Ribeirão Grande, El Dourado, Guapiara, Iporanga e Sete Barras.

O Parque Estadual Intervales é uma área bem preservada, e isso se deve à dificuldade de acesso. Possui grande riqueza de recursos naturais. Empresas de mineração pretendem explorar enormes jazidas de minerais na Serra de Paranapiacaba, até mesmo no interior do Parque. O impacto seria altamente prejudicial a Intervales, ainda que a exploração ocorresse em áreas contíguas, podendo ocasionar alteração na qualidade da água, deslizamento de encostas, desflorestamento, entre outros. Com o término da exploração, haveria a hipótese de desemprego em uma área devastada, ocasionando muitos problemas sociais.

❱ RESERVA BIOLÓGICA DE UNA

Uma Reserva Biológica (REBIO) tem como objetivo preservar integralmente determinada região, mantendo inalterados seus atributos naturais, sua fauna e sua flora, sem a interferência das ações humanas, exceto aquelas que visem recuperar ou preservar o equilíbrio natural da região.

A Reserva Biológica de Una é uma unidade de conservação da Mata Atlântica. Localiza-se no sul do Estado da Bahia, a 68 km ao sul da cidade de Ilhéus e a 13 km da sede do município de Una. Apresenta clima quente e úmido, sem período seco definido, com precipitação anual superior a 1.300 mm e temperaturas médias elevadas e sujeitas a grandes oscilações – 26 °C no verão, e no inverno, entre julho e agosto, ocorrem as temperaturas mais baixas, mas nunca inferiores a 18 °C.

A fauna dessa Reserva Biológica possui três espécies seriamente ameaçadas de extinção: mico-leão-dourado, sagui-de-tufo-preto e macaco-prego-de-peito-amarelo. Encontram-se, ainda, na área da reserva, preguiça-de-coleira, ouriço-cacheiro e alguns felinos, bem como o mutum-do-sudeste e outras aves que estão em perigo de extinção.

Ao lado da Reserva Biológica de Una encontra-se o Ecoparque de Una, uma Reserva Particular do Patrimônio Natural, localizado a 45 km ao sul de Ilhéus. Um detalhe fascinante e inesquecível para quem já visitou o Ecoparque é a existência de passarelas localizadas a 30 m de altura, entre as copas das árvores. Quatro pontes suspensas, com uma extensão de 100 m, permitem ver a floresta de cima das árvores, sentir a umidade reinante, observar correntes de água e admirar diversas espécies vegetais e animais.

Segundo um estudo feito pelo Jardim Botânico de Nova York e a Ceplac (Comissão Executiva do Plano da Lavoura Cacaueira), a Mata Atlântica no sul da Bahia, em termos de biodiversidade, é uma das mais ricas do mundo, sendo registradas 456 espécies diferentes de árvores por hectare (100 m x 100 m). Vale a pena conhecer!

Fontes: <http://www.ambientebrasil.com.br>, <http://www.ecoparque.org.br> e <http://www.brazadv.com.br/brasil/ecoparque_una.htm>.

MANGUEZAIS

FABIO COLOMBINI

O QUE É MANGUEZAL?

O manguezal (ou mangue) é um ecossistema de transição entre ambientes terrestre, aquático doce e marinho, rico em sais e pobre em oxigênio em função do alagamento periódico a que o solo é submetido. Nele, apenas algumas espécies vegetais se desenvolvem, apresentando uma série de adaptações: raízes respiratórias (que abastecem com oxigênio as outras raízes enterradas e diminuem o impacto das ondas da maré), caules de escora, capacidade de filtragem da água salobra e desenvolvimento das plântulas na planta materna (viviparidade), que são posteriormente dispersadas pela água do mar.

Espécies arbóreas de três gêneros podem ser encontradas no manguezal e, de acordo com a predominância de cada gênero, podemos caracterizá-lo como:

◗ mangue-vermelho ou bravo (predomínio de *Rhizophora mangle*),
◗ mangue-branco (predomínio de *Laguncularia racemosa*) e
◗ mangue-saraíba ou seriúba (predomínio de *Avicennia* sp.).

Os mangues vermelho e branco colonizam locais mais baixos, constantemente inundados, enquanto o mangue-saraíba é característico de locais mais altos e mais afastados da influência das marés. Quando o mangue penetra em locais arenosos, recebe a denominação de *mangue seco*. A flora do manguezal pode ser acrescida de poucas espécies, como a samambaia-do-mangue, a gramínea *Spartina*, o hibisco, a bromélia *Tillandsia usneoides* e o líquen *Usnea barbata* (as duas últimas conhecidas popularmente como barba-de-velho e muito semelhantes entre si).

O substrato escuro e lodoso do manguezal é coberto por água na maré alta. Ricas comunidades de algas crescem sobre as raízes aéreas das árvores, na faixa coberta pela maré, e, entre elas, encontram-se algas vermelhas, verdes e cianobactérias. Bactérias e fungos decompõem as folhas do manguezal, e a cadeia alimentar é baseada no uso dos detritos resultantes dessa decomposição.

LOCALIZAÇÃO DOS MANGUEZAIS NO BRASIL

O Brasil tem uma das maiores extensões de manguezais do mundo (25.000 km^2), sendo encontrados em todo o litoral, desde o Amapá até Santa Catarina, nos locais onde os rios se encontram com as águas do mar, sendo que em muitos pontos podem ter vários quilômetros de extensão para dentro do continente.

Anote!

Durante muito tempo, o manguezal foi considerado um ambiente inóspito em virtude da presença constante de borrachudos, mosquitos-pólvora, mutucas e por suas águas barrentas, com substrato lodoso e sem atrativos estéticos.

Embora, no passado, o manguezal fosse caracterizado como ambiente inóspito, sujo e criadouro de agentes transmissores de doenças, como febre amarela, dengue e malária, hoje sabemos que constitui ambiente rico em biodiversidade, verdadeiro santuário ecológico. Nele, inúmeras espécies de algas, zooplâncton, peixes, moluscos e crustáceos procriam, determinando a existência de uma exuberante teia alimentar. Infelizmente, os aterros e a destinação de muitas áreas para o cultivo de vegetais e camarões colocam em risco a existência dessa importante formação ecológica.

❱ **Distribuição dos manguezais no Brasil**

GRASIELE L. FAVATTO CORTEZ/Acervo da editora

Adaptado de: MORAES, P. R. Geografia Geral e do Brasil. 4. ed. São Paulo: HARBRA, 2011. p. 244.

CLIMA E SOLO DOS MANGUEZAIS

Alguns fatores são fundamentais para explicar a ocorrência dos manguezais em determinadas áreas ao longo do litoral: as características das formas da costa, o solo, o clima e as correntes marítimas.

Encontramos manguezais em áreas como reentrâncias de costa, contornos de baías e foz de rios, ou seja, em áreas litorâneas que apresentam forte influência do continente, das águas, doces e salgadas (salobras), e sem a agitação direta das ondas do mar. Seus solos são tradicionalmente alagados (influência das marés), lodosos, movediços, inconsistentes, salgados e com deficiência de oxigênio. Essa formação vegetal litorânea é restrita às áreas tropicais com elevadas precipitações e altas temperaturas médias, características climáticas indispensáveis à sua ocorrência.

As correntes marítimas também influenciam a presença dos manguezais. As áreas banhadas por correntes frias não desenvolvem esse tipo de vegetação, estando restrita a áreas atingidas pelas correntes quentes dos oceanos. Isso explica a ausência de manguezais no Rio Grande do Sul, banhado principalmente por correntes frias (no Brasil, encontramos manguezais até o litoral de Santa Catarina).

Ao contrário de outras florestas, os manguezais não são ricos em espécies, porém destacam-se pela grande abundância das populações que neles vivem. Podem ser considerados um dos mais produtivos ambientes naturais do Brasil.

A FLORA

Uma adaptação curiosa das plantas do manguezal é o elevado potencial osmótico de suas células, muito maior do que o das células de plantas que vivem em outras regiões. Trata-se de uma adaptação fisiológica relacionada à absorção de água pelas raízes. Graças a essa propriedade, a "sucção celular" é intensa, o que é fundamental na absorção de água por osmose em solos salinos.

▶ Mangue-vermelho ou bravo (*Rhizophora mangle*)

Os mangues-vermelhos são as espécies pioneiras localizadas próximo da margem, ocupando zonas que ficam sujeitas a inundações. Caules de sustentação, que crescem dos troncos e dos ramos das árvores em direção ao substrato, auxiliam no suporte à árvore.

Uma adaptação muito evidente às condições de imersão observadas nessa espécie são caules modificados pendentes. Essas estruturas têm como função a absorção de oxigênio diretamente da atmosfera durante os períodos de maré baixa, quando se encontram expostas.

As espécies do gênero *Rhizophora* formam sementes que germinam enquanto ainda estão na planta-mãe. Posteriormente, os novos indivíduos cairão no solo ou na água e, ao encontrarem condições apropriadas, desenvolverão raízes. Por ser rica em tanino, essa espécie, além de ser utilizada na curtição de couro, apresenta importantes propriedades terapêuticas.

Mangue-vermelho.
Note os caules de sustentação.

Anote!

Recentemente, a Professora Dra. Nanuza Luiza de Menezes, da Universidade de São Paulo, demonstrou que as "raízes" de sustentação de *Rhizophora mangle* não são raízes de escora. São, na verdade, **caules modificados**. Assim, seria melhor denominá-las de "caules de sustentação".

FABIO COLOMBINI

❱ Mangue-branco (*Laguncularia racemosa*)

Os mangues-brancos localizam-se mais para o interior do manguezal. Possuem glândulas secretoras em suas folhas, por onde liberam o excesso de sal. Atualmente, pensa-se que a queda de folhas é mais um meio de eliminar esse excesso.

Por sua ação adstringente e tônica, em algumas regiões o mangue-branco é empregado na medicina popular.

FABIO COLOMBINI

Mangue-branco.

▶ Mangue-saraíba ou Seriúba (*Avicennia* sp.)

Também conhecidos como mangues-pretos, são encontrados preferencialmente em locais inundados pela maré alta. Possuem muitas raízes aéreas eretas, chamadas *pneumatóforos*, que parecem pontas de lápis saindo do solo. Essas raízes se originam de extensas raízes horizontais que se estendem um pouco abaixo da superfície do lodo. Os pneumatóforos auxiliam na fixação do vegetal e na realização das trocas gasosas, sendo adaptações importantes para solos com pequena disponibilidade de oxigênio. As folhas possuem glândulas secretoras de sal.

Mangue-saraíba, um dos três representantes arborescentes do manguezal.

VIDA ANIMAL NOS MANGUEZAIS

Quanto à fauna, destacam-se várias espécies de caranguejos, formando enormes populações nos fundos lodosos. Ostras, mexilhões, berbigões e cracas alimentam-se filtrando da água os pequenos fragmentos de detritos vegetais, ricos em bactérias. Há também espécies de moluscos que perfuram a madeira dos troncos de árvores, construindo ali os seus tubos calcários e alimentando-se de microrganismos que decompõem a lignina dos troncos. Durante a maré alta, os camarões também entram nos manguezais para se alimentar.

Muitas espécies de peixe do litoral brasileiro dependem do manguezal para se alimentar, pelo menos na fase jovem. Entre eles estão bagres, robalos, manjubas e tainhas. A riqueza de peixes atrai predadores, como algumas espécies de tubarões, cações e até golfinhos. O jacaré-de-papo-amarelo e o sapo *Bufo marinus* podem, ocasionalmente, ser encontrados.

MAURICIO SIMONETTI/PULSAR IMAGENS

Caranguejo guaiamum, às margens do rio Picinguaba, no Parque Estadual da Serra do Mar. Ubatuba, SP, 2007.

Aves típicas são poucas, devido à pequena diversidade florística; entretanto, algumas espécies usam as árvores do manguezal como pontos de observação, de repouso e de nidificação. Essas aves se alimentam de peixes, crustáceos e moluscos, especialmente na maré baixa, quando os fundos lodosos estão expostos.

Entre os mamíferos, o quati vive em grupos de 4 a 20 indivíduos. A lontra, hábil pescadora, é frequente, assim como o guaxinim.

FABIO COLOMBINI

Guaxinim, um mamífero carnívoro, é animal de hábitos noturnos.

LARS CHRISTENEN/ PANTHERMEDIA/KEYDISC

Quati, mamífero que se alimenta de frutas e pequenos animais.

IMPORTÂNCIA ECONÔMICA

Os manguezais fornecem uma rica alimentação proteica para a população litorânea brasileira. A pesca artesanal de peixes, camarões, caranguejos e moluscos é para os moradores do litoral a principal fonte de subsistência.

Embora protegidos por lei, os manguezais ainda sofrem com a destruição gratuita, desmatamentos, queimadas, dragagens, pesca predatória, deposição de lixo, poluição doméstica e química das águas, além dos derramamentos de petróleo, construções de marinas e aterros mal planejados.

BIBLIOGRAFIA

ABRAMOWICZ, S. B. (Coord.). *Notícias da Serra do Mar e Mata Atlântica* – terras. São Paulo: Segmento, 1994.

BECKER, C. G. *et al.* Habitat Split and the Global Decline of Amphibians. *Science*, Washington, v. 318, n. 5857, p. 1775, Dec. 14, 2007.

FERRI, M. G. *Vegetação Brasileira*. Belo Horizonte: Itatiaia; São Paulo: EDUSP, 1980.

FURLAN, S. A.; NUCCI, J. C. *A Conservação das Florestas Tropicais*. São Paulo: Atual, 2005.

JOLY, A. B. *Conheça a Vegetação Brasileira.* São Paulo: EDUSP/Polígono, 1970.

LORENZI, H. *Árvores Brasileiras* – manual de identificação e cultivo de plantas arbóreas nativas do Brasil. Nova Odessa: Plantarum, 1992 (v. 1), 1998 (v. 2).

LORENZI, H. *et al. Palmeiras Brasileiras e Exóticas Cultivadas*. Nova Odessa: Plantarum, 2004.

MACHADO, I. C. S.; LOPES, A. V.; PORTO, K. C. (Org.). *Reserva Ecológica de Dois Irmãos* – estudos em um remanescente de Mata Atlântica urbana (Recife-Pernambuco-Brasil). Recife: SECTMA/Editora Universitária UFPE, 1998.

MELLO, M. A. R. Morcegos e Frutos – interação que gera florestas. *Revista Ciência Hoje*, Rio de Janeiro, v. 41, set. 2007.

MORAES, P. R. *Geografia Geral e do Brasil*. 4. ed. São Paulo: HARBRA, 2011.

OYAKAWA, O. T. *et al. Peixes de Riachos da Mata Atlântica nas Unidades de Conservação do Vale do Rio Ribeira de Iguape, no Estado de São Paulo.* São Paulo: Neotropica, 2006.

PÔRTO, K. C.; ALMEIDA-CORTEZ, J.; TABARELLI, M. (Org.). *Diversidade Biológica e Conservação da Floresta Atlântica ao Norte do Rio São Francisco*. Brasília: Ministério do Meio Ambiente, 2006. (coleção Biodiversidade 14).

RICARDO, B.; CAMPANILI, M. *Almanaque Brasil Socioambiental 2008*. São Paulo: Instituto Socioambiental, 2007.

ROSS, J. J. S. (Org.). *Geografia do Brasil*. São Paulo: EDUSP, 1995.

TABARELLI, M.; SILVA, J. M. C. da (Org.). *Diagnóstico da Biodiversidade de Pernambuco*. Recife: Massangana, 2002. v. 2.

UZUNIAN, A.; BIRNER, E. *Biologia*. 4. ed. São Paulo: HARBRA, 2013. v. 3.

VICTOR, M. A. M. *Brasil* – o capital natural. Botucatu: FEPAF, 2007.